BEI GRIN MACHT SICH IHR WISSEN BEZAHLT

- Wir veröffentlichen Ihre Hausarbeit,
  Bachelor- und Masterarbeit

- Ihr eigenes eBook und Buch -
  weltweit in allen wichtigen Shops

- Verdienen Sie an jedem Verkauf

Jetzt bei www.GRIN.com hochladen
und kostenlos publizieren

Bibliografische Information der Deutschen Nationalbibliothek:

Die Deutsche Bibliothek verzeichnet diese Publikation in der Deutschen National-
bibliografie; detaillierte bibliografische Daten sind im Internet über http://dnb.d-
nb.de/ abrufbar.

Dieses Werk sowie alle darin enthaltenen einzelnen Beiträge und Abbildungen
sind urheberrechtlich geschützt. Jede Verwertung, die nicht ausdrücklich vom
Urheberrechtsschutz zugelassen ist, bedarf der vorherigen Zustimmung des Verla-
ges. Das gilt insbesondere für Vervielfältigungen, Bearbeitungen, Übersetzungen,
Mikroverfilmungen, Auswertungen durch Datenbanken und für die Einspeicherung
und Verarbeitung in elektronische Systeme. Alle Rechte, auch die des auszugsweisen
Nachdrucks, der fotomechanischen Wiedergabe (einschließlich Mikrokopie) sowie
der Auswertung durch Datenbanken oder ähnliche Einrichtungen, vorbehalten.

Impressum:

Copyright © 2017 GRIN Verlag, Open Publishing GmbH
Druck und Bindung: Books on Demand GmbH, Norderstedt Germany
ISBN: 9783668500228

Dieses Buch bei GRIN:

http://www.grin.com/de/e-book/372158/aktuelle-ernaehrungstrends-und-diaett-
rends-low-carb-super-foods-chia

Sven-David Müller

Aktuelle Ernährungstrends und Diättrends. Low Carb, Super Foods, Chia, Stevia und andere aktuelle Diättrends

GRIN Verlag

GRIN - Your knowledge has value

Der GRIN Verlag publiziert seit 1998 wissenschaftliche Arbeiten von Studenten, Hochschullehrern und anderen Akademikern als eBook und gedrucktes Buch. Die Verlagswebsite www.grin.com ist die ideale Plattform zur Veröffentlichung von Hausarbeiten, Abschlussarbeiten, wissenschaftlichen Aufsätzen, Dissertationen und Fachbüchern.

Besuchen Sie uns im Internet:

http://www.grin.com/

http://www.facebook.com/grincom

http://www.twitter.com/grin_com

Aktuelle Ernährungs- und Diättrends

Lebensmittel heißen Superfood und haben plötzlich Wirkungen, die an Pharmaka grenzen (und das natürlich ohne Nebenwirkungen), die Health Claims für Phytosterine wurden bestätigt und für andere Nahrungsmittelinhaltsstoffe werden weitere autorisiert, Substanzen wie Beta-Glukan aus Saccharomyces cerevisiae stehen im Mittelpunkt der ernährungsmedizinischen Forschung und zeigen erstaunliche Effekte in der Immunologie und Krebstherapie, Transfettsäuren, die einen kardiovaskulären Risikofaktor darstellen stecken laut aktuellen Untersuchungen nicht in Margarine, sondern in Butter und der Disput um „Low Carb" sowie „Low Fat" in der Prophylaxe und Therapie von Übergewicht und Adipositas geht weiter.

Der Trend zum Vegetarismus, natürlicher Kost (Stichwort Frutarier) sowie ökologischem Anbau hält an und gleichzeitig werden immer mehr Menschen dick und dicker. Trotz aller Ernährungs- und Diättrends zeigen Studien sowie Untersuchungen nicht, dass sich die Ernährungsweise positiv verändert oder akute und chronische Erkrankungen seltener werden. Übergewicht und Fettsucht (Adipositas) haben sich inzwischen weltweit – auch in den Zwei- und sogar in den Drittweltländern - durch die Fehl- oder Überernährung sowie die Nutzung der neuen Medien und den dadurch gegebenen Bewegungsmangel auf dem Boden einer genetischen Prädisposition zu einer globalen Epidemie entwickelt. Weltweit sind nach Angaben der WHO und der Vereinten Nationen 805 Millionen Menschen untergewichtig und mangelernährt. Die Zahl der Menschen, die zu schwer sind, liegt weitaus höher. Weltweit sind 2300 Millionen Menschen übergewichtig und 700 Millionen Menschen fettsüchtig. Damit steht den mangelernährten in den Entwicklungsländern fast die gleiche Anzahl krankhaft Übergewichtiger Menschen gegenüber. Insgesamt sind also mindestens 3 Milliarden Menschen weltweit fehlernährt und haben ein Untergewicht, das als ungesund zu bezeichnen ist. Und täglich werden die Dicken und Fetten dicker und fetter und es werden zudem immer mehr.

Risiko für Begleit- und Folgeerkrankungen nach der Welt- Gesundheitsorganisation (WHO 2008)

Kategorie	BMI	Risiko für Begleiterkrankungen
Untergewicht	<18,5	Niedrig
Normalgewicht	18,5 – 24,9	Durchschnittlich
Übergewicht	≥25,0	
Präadipositas	25 – 29,9	Gering erhöht
Adipositas Grad I	30 - 34,9	Erhöht
Adipositas Grad II	35 – 39,9	Hoch
Adipositas Grad III	≥40	Sehr hoch

In der Bundesrepublik Deutschland, die ohne Zweifel bezüglich der Körpergewichtsentwicklung zunehmend auch den Namen Bundesrepublik Dickland tragen kann, sind zwei Drittel der Männer (67 %) und die Hälfte der Frauen (53 %) übergewichtig.

Ein Viertel der Erwachsenen (23 % der Männer und 24 % der Frauen) ist fettsüchtig (adipös).
Die Prävalenz von Adipositas hat in den letzten zwei Dekaden weiterhin zugenommen,
besonders bei Männern und im jungen Erwachsenenalter. In Deutschland sind 1,1 Millionen
Kinder und Jugendliche übergewichtig und zusätzlich 800.000 fettsüchtig. Insgesamt leben in
Deutschland also fast zwei Millionen Kinder und Jugendliche, die zu schwer sind. Der
Bundesrepublik Dickland blüht also eine fette Zukunft.

Dünn ist gefährlicher als dick
Aber nicht jeder Mensch muss dünn sein. Aktuelle wissenschaftliche Daten zeigen, dass ein
leichtes Übergewicht zumindest für Senioren gesund ist. Die Empfehlung, die für die
allgemeine Bevölkerung ausgesprochen wird – also ein BMI zwischen 20 und 25 – kann für
Senioren nicht gegeben werden. Es sieht nach aktuellen Untersuchungen so aus, dass im
höheren Alter (80 bis 90 Jahre) ein längeres Leben durch leichtes Übergewicht (also BMI 25,1
bis 29,9) zu gewährleisten ist. Die so genannte „Leisure World Cohort"-Studie zeigte
beispielsweise, dass Untergewicht (BMI < 18,5) in allen Altersklassen ein hohes
gesundheitliches Risiko darstellt. Außerdem ließ sich das erhöhte Sterberisiko durch
Übergewicht oder krankhafte Fettsucht in jungen Jahren auch dann nicht mehr ausgleichen,
wenn die Probanden später Normalgewicht erreichten. Das Gewicht von Models ist also
nicht gut für die Gesundheit und Magersüchtige haben grundsätzlich ein hohes
Morbiditätsrisiko. Grundsätzlich darf aber „dünn sein" nicht mit Magersucht (Anorexia
nervosa) verwechselt werden. Magersucht ist ein psychiatrisches Krankheitsbild und „dünn
sein" nicht. Jeder Mensch kann abnehmen und im Zweifelsfall auch einen BMI von 17,5
erreichen – daraus kann aber nicht die Diagnose Anorexia nervosa geschlossen werden.
Epidemiologen geben zusammen mit ernährungsmedizinischen Wissenschaftlern vor dem
Hintergrund der aktuellen Erkenntnisse die Empfehlung zum lebenslangen
Gewichtsmanagement. Jugendlichen und Erwachsenen sollte empfohlen worden, den BMI
von 25 nicht zu überschreiten (außer bei bei Sportlern mit erhöhter Muskelmasse) und
Senioren können einige Kilos zulegen (ideal scheint der BMI von 27). Das ist ziemlich
pummelig: Es entspricht beispielsweise einem Gewicht von 78 Kilogramm bei einer
Körpergröße von 1,70 Metern.

Eine aktuelle in JAMA publizierte Meta-Analyse von Flegal et al., die Daten von 2,88
Millionen Teilnehmern (97 Studien) zusammenfasst legt gar nahe, dass Menschen mit einem
BMI zwischen 25 und 30 das niedrigste Mortalitätsrisiko haben. Erst ab einem BMI von mehr
als 30 steigt das Risiko an. Nach den Studienergebnissen ist das Sterblichkeitsrisiko bei
übergewichtigen Menschen sechs Prozent niedriger als bei normalgewichtigen Menschen.
Bei Fettsüchtigen dagegen steigt das Risiko um 29 Prozent an.

Fehlernährung macht krank und kostet Milliarden
Die Erkrankungen die direkt (selten) oder indirekt mit Fehl- und/oder Überernährung
assoziiert sind, stellen einen erhehlichen Kostenfaktor zu. Nach Schätzungen des Deutschen
Kompetenzzentrum Gesundheitsförderung und Diätetik liegen die Kosten in diesem Jahr bei
mindestens 80 Milliarden Euro. Aber Fehl- und Überernährung führen nicht nur zu Kosten,
sondern auch zu Todesfällen. Die Zahlen der Sterbestatistik sprechen für sich: 64,4 Prozent
der Sterbefälle sind auf ein falsches Ernährungsverhalten zurückführbar. Erschreckend sit,
dass nur 15 Prozent der Menschen mit Übergewicht und Adipositas eine normale
Lebenserwartung. Adipöse haben ein deutlich erhöhtes Krankheitsrisiko. Das trifft auf die
8,7 Millionen fettsüchtigen Erwachsenen in Deutschland zu.

Ob sich die Solidargemeinschaft in der BRD das dauerhaft leisten kann, ist mehr als fraglich. Kann die Solidargemeinschaft für den sitzenden Lebensstil und die Fehl-/Überernährung vieler Menschen kostenmäßig verantwortlich gemacht werden? Wenn nicht bald etwas geschieht (Präventionsgesetzgebung etc.) bricht das Gesundheitswesen spätestens in der kommenden Generation zusammen. Der Typ-2-Diabetes beispielsweise, unter dem in Deutschland mindestens 8 Millionen Menschen leiden, ist eine praktisch immer vermeidbare Krankheit.

Low Carb- und Low Fat sind heute gleichberechtigt
Es ist wissenschaftlich eindeutig gesichert, dass Patienten mit einem metabolischem Syndrom ein deutlich höheres kardiovaskuläres Risiko haben. Sie haben also ein erhöhtes Morbiditätsrisiko. Zudem ist das Mortalitätsrisiko erhöht. Prophylaxe, Diagnostik, Therapie und Verlaufskontrolle sind komplex und an den Patienten und den Therapeuten oder vielmehr das therapeutische Team (Arzt/Heilpraktiker und Diätassistent, Psychologe sowie Physiotherapeut) werden höhere Anforderungen hinsichtlich der Durchführung der Therapie und der Compliance gestellt. Die diätetische Therapie steht im Mittelpunkt der therapeutischen Maßnahmen. Während in der Vergangenheit praktisch ausschließlich „Low Fat-Methoden" zur Gewichtsreduktion empfohlen wurden, zeigen die aktuellen Ernährungsempfehlungen in der medizinischen Leitlinien für Diabetiker und Übergewichtige, dass auch „Low-Carb-Methoden" einen Stellenwert haben. Alle medizinischen und ernährungsmedizinischen Fachgesellschaften gehen heute davon aus und empfehlen, dass bei jedem Patienten geprüft werden muss, welche Methode zur Gewichtsreduktion die zielführende ist. Wichtig ist aber, dass „Low Fat" und „Low Carb" nur zur Gewichtsreduktion führen, wenn sie hypokalorisch (1.200 bis 1.600 Kilokalorien) sind. Bei der Auswahl der Lebensmittel kommt der Energiedichte eine immer größere Bedeutung zu. Auf die Energiedichte von Lebensmitteln zu achten hilft, das Körpergewicht zu regulieren. Denn Lebensmittel mit hoher Energiedichte enthalten relativ viel Energie. Umgekehrt kann eine Ernährung mit niedriger Energiedichte zur Gewichtsabnahme und zum Halten des Gewichts beitragen. Die Energiedichte ist der Energiegehalt eines Lebensmittels (Kilokalorien oder Kilojoule) pro 100 g. Von Lebensmitteln mit einer niedrigen und mittleren Energiedichte spricht man laut Deutscher Gesellschaft für Ernährung (DGE) e.V. bei einem Energiegehalt bis zu 225 kcal pro 100 g. Lebensmittel mit einer hohen Energiedichte enthalten mehr als 225 kcal pro 100 g. Die Energiedichte von Lebensmitteln und Speisen hängt vor allem von deren Gehalt an Flüssigkeit (Wasser) und Fett sowie Zucker ab. Lebensmittel, die viel Wasser und/oder Ballaststoffe enthalten, haben in der Regel eine geringe Energie - dichte. Dazu gehören beispielsweise Gemüse und Obst. Auch flüssige Speisen wie Suppen haben wegen des Wassergehalts meist eine niedrige Energiedichte. Lebensmittel mit hoher Energiedichte enthalten dagegen oft viel Fett, Zucker und wenig Wasser.

Atkins würde sich über die aktuellen Leitlinien freuen
Für den am 17. April 2003 in New York verstorbenen Kardiologen und „Fettpapst" Robert Colemann Atkins war nach jahrzehntelanger Forschung klar, dass im Fett Schlank- und Gesundheit begründet liegen. Jahrzehntelang folgten die Ernährungsleitlinien nicht den Erkenntnissen der Ernährungsmedizin. Seit relativ kurzer Zeit „erlauben" die Leitlinien für Übergewichtige und Diabetiker neben einer „Low Fat" auch eine „Low Carb" Ernährungsweise zum Abbau von Übergewicht. Das ist in vielerlei Hinsicht sinnvoll und wissenschaftlich gut zu untermauern. Die bisherige Ernährungstherapie fußt zudem auf der Theorie, dass eine fettreiche Ernährungsweise auslösender Faktor für die pathologische

Veränderung der Arterien darstellt und das darin wiederrum bedeutenden Risikofaktoren für die Todesursachen Herzinfarkt und Schlaganfall begründet sind. Nach Angaben des Statistischen Bundesamtes in Wiesbaden gingen im Jahr 2010 41 Prozent der Todesfälle auf das Konto von Herz-Kreislauf-Erkrankungen. 352.689 Menschen (149.471 Männer und 203.218 Frauen) starben daran. An bösartigen Neubildungen verstarben „lediglich" 218.889 Menschen. Herz-Kreislauf-Erkrankungen sind häufig in einem unbehandelten metabolischen Syndrom begründet.

Transfettsäuren sind gefährlich

Auch wenn heute eine „Low Carb" Ernährungsweise nicht mehr zu verteufeln ist, muss angemerkt werden, dass eine übermäßige Zufuhr bestimmter Fettsäuren nicht gesundheitsförderlich ist. Bestimmte gesättigte Fettsäuren scheinen reichlich zugeführt eine Gefahr für Herz und Blutgefäße sowie Stoffwechsel darzustellen. Noch bedenklicher als gesättigte Fettsäuren sind industrielle und natürliche Transfettsäuren. Die ungesättigten Transfettsäuren liegen in der **trans-Form** und nicht in der cis-Form vor, die üblicherweise in der Natur dominiert. Transfettsäuren kommen in der Natur insbesondere **im Fett und in der Milch von Wiederkäuern**, folglich auch in Butter, Sahne und Rindfleisch, vor, weil Bakterien aus dem Pansen die Fettsäuren zu Transfettsäuren umbauen.[1] Transfettsäuren erhöhen die Triglyzeride und das LDL-Cholesterol und erniedrigen das HDL-Cholesterol im Blut. Zudem steigt das Risiko, an Arteriosklerose zu erkranken und die Thrombozytenaggregation ist erhöht. Durch Einlagerung von Transfettsäuren in Membranen verändert sich deren Fluidität und Funktion.[2] Außerdem wird die Eicosanoidbildung aus cis- ω -6 und cis- ω -3-Fettsäuren gehemmt[3], so dass der Bedarf an mehrfach ungesättigten Fettsäuren leicht erhöht ist. Die Aufnahme an Transfettsäuren sollte 1 Prozent der Nahrungsenergie nicht übersteigen. Das wären bei einem Energieverbrauch von 2400 kcal/Tag etwa 2,6g. Laut Untersuchungen von Steinhart beträgt die durchschnittliche Zufuhr bei Frauen 1,9g/Tag und bei Männern 2,3 g/Tag.[4]

transfettsäurenreiche Lebensmittel
Butter
Sahne
Fetter Käse
Fette Milchprodukte
Blätterteig
Pommes frites
Chips
fettes Gebäck
Fertigsuppen- und Saucen
Fettes Rindfleisch

Aktuelle Untersuchungen zeigen, dass Margarine, insbesondere Diätmargarine, praktisch frei von Transfettsäuren ist. Aus ernährungsmedizinischer Sicht ist es sinnvoll, Margarine anstatt Butter zu verzehren. Als Speiseöle haben sich in verschiedenen Studien Raps-, Lein- und Nussöl (insbesondere Walnussöl) Meriten verdient. Olivenöl sind sie sicher überlegen.

---

[1] Brockhaus Ernährung, 2004, S.627
[2] Suter, 2002, S.69
[3] Götz; Rabast, 1999, S.44
[4] Kasper, 2004, S. 12

Zudem gilt weiterhin die Empfehlung täglich eine Handvoll Nüsse und Samen zu verzehren. Einer Vielzahl von Studien zufolge führt das nicht zu Übergewicht, sondern hilft beim Gewichtsmanagement.

Health Claims

Im vergangenen Jahr hat die Europäische Behörde für *Lebensmittelsicherheit* (*EFSA*) erneut eine Vielzahl von Health Claims autorisiert. Und auch in diesem Jahr ist mit neuen Autorisierungen zu rechnen. Daraus ergibt sich eine Sicherheit für Hersteller und Bevölkerung. Die beantragten und die autorisierten lassen sich unter http://ec.europa.eu/nuhclaims/?event=search recherchieren. Die Gesetzgebung in Europa macht es nicht leicht neue Ernährungstrends, die über herkömmliche Lebensmittel hinausgehen, zu kreieren oder zu erkennen. Sicher hat auch die EFSA ihren Anteil an dieser Tatsache. Zukünftig wird es in der Ernährung wichtige Trends insbesondere in folgenden Bereichen geben:
1. Beta-Glukan aus Hefe und Hafer (zur Senkung des LDL-Spiegels und Verbesserung der Abwehrkräfte
2. Einsatz von Ballaststoffen (zur Förderung der Sättigung und Erreichung einer fettähnlichen Konsistenz)
3. Ergänzend bilanzierte Diäten/Diätetische Lebensmittel (zur adjuvanten Therapie von chronischen Erkrankungen wie beispielsweise Diabetes mellitus etc.)
4. Probiotika (sofern sich die Health-Claim-Situation ändert)

Die Ernährungssituation ist global unzureichend. Sie ist gekennzeichnet von Über- oder Unterernährung. Die Zahl der Übergewichtigen und Adipösen steigt unablässig. Allen Maßnahmen zum Trotz. In Nahrungsinhaltsstoffen stecken viele Möglichkeiten, die verstärkt in der modernen Ernährungstherapie genutzt werden sollten. Problematisch ist, dass die Ausschreibung dieser Effekte oftmals mit den Maßgaben der Europäischen Behörde für Lebensmittelsicherheit kollidiert. Ein großer Schritt wurde von den führenden medizinischen und ernährungsmedizinischen Fachgesellschaften beschritten, als die Leitlinien im Bereich Diabetes mellitus und Adipositas um die Möglichkeit einer „Low Carb"-Ernährungsweise erweitert worden sind. Weitere Informationen unter www.svendavidmueller.de

Sven-David Müller, M.Sc.
Medizinjournalist & Gesundheitspublizist
Master of Science in Applied Nutritional Medicine
staatlich anerkannter Diätassistent
Diabetesberater (Deutsche Diabetes Gesellschaft)
Zentrum und Praxis für Ernährungskommunikation, Diätberatung und Gesundheitspublizistik (ZEK)
1. Vorsitzender Deutsches Kompetenzzentrum Gesundheitsförderung und Diätetik e.V.
Berliner Straße 11c in 15517 Fürstenwalde/Spree

BEI GRIN MACHT SICH IHR WISSEN BEZAHLT

- Wir veröffentlichen Ihre Hausarbeit, Bachelor- und Masterarbeit

- Ihr eigenes eBook und Buch - weltweit in allen wichtigen Shops

- Verdienen Sie an jedem Verkauf

Jetzt bei www.GRIN.com hochladen und kostenlos publizieren